FIRE SAFETY LOG BOOK

Company Name : ....

Address : ....

....

Phone number : ....

Fax number : ....

Email : ....

Log Started : ....

Log Ended : ....

Log book number : ....

Notes : ....

....

....

....

....

....

....

....

....

DATE :		TIME :	
LOCATION :		PHONE NO :	
DURATION :			
CHECKS DONE :			
ACTION REQUIRED :			
ACTION TAKEN :			
DATE ACTION WAS LOGGED :		LOGGED BY :	
DATE ACTION WAS LOGGED :		CLOSED BY :	
NOTES			

DATE :		TIME :	
LOCATION :		PHONE NO :	
DURATION :			
CHECKS DONE :			
ACTION REQUIRED :			
ACTION TAKEN :			
DATE ACTION WAS LOGGED :		LOGGED BY :	
DATE ACTION WAS LOGGED :		CLOSED BY :	
NOTES			

DATE :		TIME :	
LOCATION :		PHONE NO :	
DURATION :			
CHECKS DONE :			
ACTION REQUIRED :			
ACTION TAKEN :			
DATE ACTION WAS LOGGED :		LOGGED BY :	
DATE ACTION WAS LOGGED :		CLOSED BY :	

NOTES

DATE :		TIME :	
LOCATION :		PHONE NO :	
DURATION :			
CHECKS DONE :			
ACTION REQUIRED :			
ACTION TAKEN :			
DATE ACTION WAS LOGGED :		LOGGED BY :	
DATE ACTION WAS LOGGED :		CLOSED BY :	

NOTES

DATE :		TIME :	
LOCATION :		PHONE NO :	
DURATION :			
CHECKS DONE :			
ACTION REQUIRED :			
ACTION TAKEN :			
DATE ACTION WAS LOGGED :		LOGGED BY :	
DATE ACTION WAS LOGGED :		CLOSED BY :	

NOTES

DATE :		TIME :	
LOCATION :		PHONE NO :	
DURATION :			
CHECKS DONE :			
ACTION REQUIRED :			
ACTION TAKEN :			
DATE ACTION WAS LOGGED :		LOGGED BY :	
DATE ACTION WAS LOGGED :		CLOSED BY :	

NOTES

DATE :		TIME :	
LOCATION :		PHONE NO :	
DURATION :			
CHECKS DONE :			
ACTION REQUIRED :			
ACTION TAKEN :			
DATE ACTION WAS LOGGED :		LOGGED BY :	
DATE ACTION WAS LOGGED :		CLOSED BY :	

NOTES

DATE :		TIME :	
LOCATION :		PHONE NO :	
DURATION :			
CHECKS DONE :			
ACTION REQUIRED :			
ACTION TAKEN :			
DATE ACTION WAS LOGGED :		LOGGED BY :	
DATE ACTION WAS LOGGED :		CLOSED BY :	

NOTES

DATE :		TIME :	
LOCATION :		PHONE NO :	
DURATION :			
CHECKS DONE :			
ACTION REQUIRED :			
ACTION TAKEN :			
DATE ACTION WAS LOGGED :		LOGGED BY :	
DATE ACTION WAS LOGGED :		CLOSED BY :	
NOTES			

DATE :		TIME :	
LOCATION :		PHONE NO :	
DURATION :			
CHECKS DONE :			
ACTION REQUIRED :			
ACTION TAKEN :			
DATE ACTION WAS LOGGED :		LOGGED BY :	
DATE ACTION WAS LOGGED :		CLOSED BY :	
NOTES			

DATE :		TIME :	
LOCATION :		PHONE NO :	
DURATION :			
CHECKS DONE :			
ACTION REQUIRED :			
ACTION TAKEN :			
DATE ACTION WAS LOGGED :		LOGGED BY :	
DATE ACTION WAS LOGGED :		CLOSED BY :	
NOTES			

DATE :		TIME :	
LOCATION :		PHONE NO :	
DURATION :			
CHECKS DONE :			
ACTION REQUIRED :			
ACTION TAKEN :			
DATE ACTION WAS LOGGED :		LOGGED BY :	
DATE ACTION WAS LOGGED :		CLOSED BY :	
NOTES			

DATE :		TIME :	
LOCATION :		PHONE NO :	
DURATION :			
CHECKS DONE :			
ACTION REQUIRED :			
ACTION TAKEN :			
DATE ACTION WAS LOGGED :		LOGGED BY :	
DATE ACTION WAS LOGGED :		CLOSED BY :	
NOTES			

DATE :		TIME :	
LOCATION :		PHONE NO :	
DURATION :			
CHECKS DONE :			
ACTION REQUIRED :			
ACTION TAKEN :			
DATE ACTION WAS LOGGED :		LOGGED BY :	
DATE ACTION WAS LOGGED :		CLOSED BY :	
NOTES			

DATE :		TIME :	
LOCATION :		PHONE NO :	
DURATION :			
CHECKS DONE :			
ACTION REQUIRED :			
ACTION TAKEN :			
DATE ACTION WAS LOGGED :		LOGGED BY :	
DATE ACTION WAS LOGGED :		CLOSED BY :	
NOTES			

DATE :		TIME :	
LOCATION :		PHONE NO :	
DURATION :			
CHECKS DONE :			
ACTION REQUIRED :			
ACTION TAKEN :			
DATE ACTION WAS LOGGED :		LOGGED BY :	
DATE ACTION WAS LOGGED :		CLOSED BY :	
NOTES			

DATE :		TIME :	
LOCATION :		PHONE NO :	
DURATION :			
CHECKS DONE :			
ACTION REQUIRED :			
ACTION TAKEN :			
DATE ACTION WAS LOGGED :		LOGGED BY :	
DATE ACTION WAS LOGGED :		CLOSED BY :	

NOTES

DATE :		TIME :	
LOCATION :		PHONE NO :	
DURATION :			
CHECKS DONE :			
ACTION REQUIRED :			
ACTION TAKEN :			
DATE ACTION WAS LOGGED :		LOGGED BY :	
DATE ACTION WAS LOGGED :		CLOSED BY :	

NOTES

DATE :		TIME :	
LOCATION :		PHONE NO :	
DURATION :			
CHECKS DONE :			
ACTION REQUIRED :			
ACTION TAKEN :			
DATE ACTION WAS LOGGED :		LOGGED BY :	
DATE ACTION WAS LOGGED :		CLOSED BY :	

NOTES

DATE :		TIME :	
LOCATION :		PHONE NO :	
DURATION :			
CHECKS DONE :			
ACTION REQUIRED :			
ACTION TAKEN :			
DATE ACTION WAS LOGGED :		LOGGED BY :	
DATE ACTION WAS LOGGED :		CLOSED BY :	

NOTES

DATE :		TIME :	
LOCATION :		PHONE NO :	
DURATION :			
CHECKS DONE :			
ACTION REQUIRED :			
ACTION TAKEN :			
DATE ACTION WAS LOGGED :		LOGGED BY :	
DATE ACTION WAS LOGGED :		CLOSED BY :	
NOTES			

DATE :		TIME :	
LOCATION :		PHONE NO :	
DURATION :			
CHECKS DONE :			
ACTION REQUIRED :			
ACTION TAKEN :			
DATE ACTION WAS LOGGED :		LOGGED BY :	
DATE ACTION WAS LOGGED :		CLOSED BY :	
NOTES			

DATE :		TIME :	
LOCATION :		PHONE NO :	
DURATION :			
CHECKS DONE :			
ACTION REQUIRED :			
ACTION TAKEN :			
DATE ACTION WAS LOGGED :		LOGGED BY :	
DATE ACTION WAS LOGGED :		CLOSED BY :	
NOTES			

DATE :		TIME :	
LOCATION :		PHONE NO :	
DURATION :			
CHECKS DONE :			
ACTION REQUIRED :			
ACTION TAKEN :			
DATE ACTION WAS LOGGED :		LOGGED BY :	
DATE ACTION WAS LOGGED :		CLOSED BY :	
NOTES			

DATE :		TIME :	
LOCATION :		PHONE NO :	
DURATION :			
CHECKS DONE :			
ACTION REQUIRED :			
ACTION TAKEN :			
DATE ACTION WAS LOGGED :		LOGGED BY :	
DATE ACTION WAS LOGGED :		CLOSED BY :	
NOTES			

DATE :		TIME :	
LOCATION :		PHONE NO :	
DURATION :			
CHECKS DONE :			
ACTION REQUIRED :			
ACTION TAKEN :			
DATE ACTION WAS LOGGED :		LOGGED BY :	
DATE ACTION WAS LOGGED :		CLOSED BY :	
NOTES			

DATE :		TIME :	
LOCATION :		PHONE NO :	
DURATION :			
CHECKS DONE :			
ACTION REQUIRED :			
ACTION TAKEN :			
DATE ACTION WAS LOGGED :		LOGGED BY :	
DATE ACTION WAS LOGGED :		CLOSED BY :	

NOTES

DATE :		TIME :	
LOCATION :		PHONE NO :	
DURATION :			
CHECKS DONE :			
ACTION REQUIRED :			
ACTION TAKEN :			
DATE ACTION WAS LOGGED :		LOGGED BY :	
DATE ACTION WAS LOGGED :		CLOSED BY :	

NOTES

DATE :		TIME :	
LOCATION :		PHONE NO :	
DURATION :			
CHECKS DONE :			
ACTION REQUIRED :			
ACTION TAKEN :			
DATE ACTION WAS LOGGED :		LOGGED BY :	
DATE ACTION WAS LOGGED :		CLOSED BY :	
NOTES			

DATE :		TIME :	
LOCATION :		PHONE NO :	
DURATION :			
CHECKS DONE :			
ACTION REQUIRED :			
ACTION TAKEN :			
DATE ACTION WAS LOGGED :		LOGGED BY :	
DATE ACTION WAS LOGGED :		CLOSED BY :	
NOTES			

DATE :		TIME :	
LOCATION :		PHONE NO :	
DURATION :			
CHECKS DONE :			
ACTION REQUIRED :			
ACTION TAKEN :			
DATE ACTION WAS LOGGED :		LOGGED BY :	
DATE ACTION WAS LOGGED :		CLOSED BY :	
NOTES			

DATE :		TIME :	
LOCATION :		PHONE NO :	
DURATION :			
CHECKS DONE :			
ACTION REQUIRED :			
ACTION TAKEN :			
DATE ACTION WAS LOGGED :		LOGGED BY :	
DATE ACTION WAS LOGGED :		CLOSED BY :	
NOTES			

DATE :		TIME :	
LOCATION :		PHONE NO :	
DURATION :			
CHECKS DONE :			
ACTION REQUIRED :			
ACTION TAKEN :			
DATE ACTION WAS LOGGED :		LOGGED BY :	
DATE ACTION WAS LOGGED :		CLOSED BY :	

NOTES

DATE :		TIME :	
LOCATION :		PHONE NO :	
DURATION :			
CHECKS DONE :			
ACTION REQUIRED :			
ACTION TAKEN :			
DATE ACTION WAS LOGGED :		LOGGED BY :	
DATE ACTION WAS LOGGED :		CLOSED BY :	

NOTES

DATE :		TIME :	
LOCATION :		PHONE NO :	
DURATION :			
CHECKS DONE :			
ACTION REQUIRED :			
ACTION TAKEN :			
DATE ACTION WAS LOGGED :		LOGGED BY :	
DATE ACTION WAS LOGGED :		CLOSED BY :	
NOTES			

DATE :		TIME :	
LOCATION :		PHONE NO :	
DURATION :			
CHECKS DONE :			
ACTION REQUIRED :			
ACTION TAKEN :			
DATE ACTION WAS LOGGED :		LOGGED BY :	
DATE ACTION WAS LOGGED :		CLOSED BY :	
NOTES			

DATE :		TIME :	
LOCATION :		PHONE NO :	
DURATION :			
CHECKS DONE :			
ACTION REQUIRED :			
ACTION TAKEN :			
DATE ACTION WAS LOGGED :		LOGGED BY :	
DATE ACTION WAS LOGGED :		CLOSED BY :	

NOTES

DATE :		TIME :	
LOCATION :		PHONE NO :	
DURATION :			
CHECKS DONE :			
ACTION REQUIRED :			
ACTION TAKEN :			
DATE ACTION WAS LOGGED :		LOGGED BY :	
DATE ACTION WAS LOGGED :		CLOSED BY :	

NOTES

DATE :		TIME :	
LOCATION :		PHONE NO :	
DURATION :			
CHECKS DONE :			
ACTION REQUIRED :			
ACTION TAKEN :			
DATE ACTION WAS LOGGED :		LOGGED BY :	
DATE ACTION WAS LOGGED :		CLOSED BY :	
NOTES			

DATE :		TIME :	
LOCATION :		PHONE NO :	
DURATION :			
CHECKS DONE :			
ACTION REQUIRED :			
ACTION TAKEN :			
DATE ACTION WAS LOGGED :		LOGGED BY :	
DATE ACTION WAS LOGGED :		CLOSED BY :	
NOTES			

DATE :		TIME :	
LOCATION :		PHONE NO :	
DURATION :			
CHECKS DONE :			
ACTION REQUIRED :			
ACTION TAKEN :			
DATE ACTION WAS LOGGED :		LOGGED BY :	
DATE ACTION WAS LOGGED :		CLOSED BY :	
NOTES			

DATE :		TIME :	
LOCATION :		PHONE NO :	
DURATION :			
CHECKS DONE :			
ACTION REQUIRED :			
ACTION TAKEN :			
DATE ACTION WAS LOGGED :		LOGGED BY :	
DATE ACTION WAS LOGGED :		CLOSED BY :	
NOTES			

DATE :		TIME :	
LOCATION :		PHONE NO :	
DURATION :			
CHECKS DONE :			
ACTION REQUIRED :			
ACTION TAKEN :			
DATE ACTION WAS LOGGED :		LOGGED BY :	
DATE ACTION WAS LOGGED :		CLOSED BY :	

NOTES

DATE :		TIME :	
LOCATION :		PHONE NO :	
DURATION :			
CHECKS DONE :			
ACTION REQUIRED :			
ACTION TAKEN :			
DATE ACTION WAS LOGGED :		LOGGED BY :	
DATE ACTION WAS LOGGED :		CLOSED BY :	

NOTES

DATE :		TIME :	
LOCATION :		PHONE NO :	
DURATION :			
CHECKS DONE :			
ACTION REQUIRED :			
ACTION TAKEN :			
DATE ACTION WAS LOGGED :		LOGGED BY :	
DATE ACTION WAS LOGGED :		CLOSED BY :	
NOTES			

DATE :		TIME :	
LOCATION :		PHONE NO :	
DURATION :			
CHECKS DONE :			
ACTION REQUIRED :			
ACTION TAKEN :			
DATE ACTION WAS LOGGED :		LOGGED BY :	
DATE ACTION WAS LOGGED :		CLOSED BY :	
NOTES			

DATE :		TIME :	
LOCATION :		PHONE NO :	
DURATION :			
CHECKS DONE :			
ACTION REQUIRED :			
ACTION TAKEN :			
DATE ACTION WAS LOGGED :		LOGGED BY :	
DATE ACTION WAS LOGGED :		CLOSED BY :	
NOTES			

DATE :		TIME :	
LOCATION :		PHONE NO :	
DURATION :			
CHECKS DONE :			
ACTION REQUIRED :			
ACTION TAKEN :			
DATE ACTION WAS LOGGED :		LOGGED BY :	
DATE ACTION WAS LOGGED :		CLOSED BY :	
NOTES			

DATE :		TIME :	
LOCATION :		PHONE NO :	
DURATION :			
CHECKS DONE :			
ACTION REQUIRED :			
ACTION TAKEN :			
DATE ACTION WAS LOGGED :		LOGGED BY :	
DATE ACTION WAS LOGGED :		CLOSED BY :	
NOTES			

DATE :		TIME :	
LOCATION :		PHONE NO :	
DURATION :			
CHECKS DONE :			
ACTION REQUIRED :			
ACTION TAKEN :			
DATE ACTION WAS LOGGED :		LOGGED BY :	
DATE ACTION WAS LOGGED :		CLOSED BY :	
NOTES			

DATE :		TIME :	
LOCATION :		PHONE NO :	
DURATION :			
CHECKS DONE :			
ACTION REQUIRED :			
ACTION TAKEN :			
DATE ACTION WAS LOGGED :		LOGGED BY :	
DATE ACTION WAS LOGGED :		CLOSED BY :	

NOTES

DATE :		TIME :	
LOCATION :		PHONE NO :	
DURATION :			
CHECKS DONE :			
ACTION REQUIRED :			
ACTION TAKEN :			
DATE ACTION WAS LOGGED :		LOGGED BY :	
DATE ACTION WAS LOGGED :		CLOSED BY :	

NOTES

DATE :		TIME :	
LOCATION :		PHONE NO :	
DURATION :			
CHECKS DONE :			
ACTION REQUIRED :			
ACTION TAKEN :			
DATE ACTION WAS LOGGED :		LOGGED BY :	
DATE ACTION WAS LOGGED :		CLOSED BY :	
NOTES			

DATE :		TIME :	
LOCATION :		PHONE NO :	
DURATION :			
CHECKS DONE :			
ACTION REQUIRED :			
ACTION TAKEN :			
DATE ACTION WAS LOGGED :		LOGGED BY :	
DATE ACTION WAS LOGGED :		CLOSED BY :	
NOTES			

DATE :		TIME :	
LOCATION :		PHONE NO :	
DURATION :			
CHECKS DONE :			
ACTION REQUIRED :			
ACTION TAKEN :			
DATE ACTION WAS LOGGED :		LOGGED BY :	
DATE ACTION WAS LOGGED :		CLOSED BY :	

NOTES

DATE :		TIME :	
LOCATION :		PHONE NO :	
DURATION :			
CHECKS DONE :			
ACTION REQUIRED :			
ACTION TAKEN :			
DATE ACTION WAS LOGGED :		LOGGED BY :	
DATE ACTION WAS LOGGED :		CLOSED BY :	

NOTES

DATE :		TIME :	
LOCATION :		PHONE NO :	
DURATION :			
CHECKS DONE :			
ACTION REQUIRED :			
ACTION TAKEN :			
DATE ACTION WAS LOGGED :		LOGGED BY :	
DATE ACTION WAS LOGGED :		CLOSED BY :	

NOTES

DATE :		TIME :	
LOCATION :		PHONE NO :	
DURATION :			
CHECKS DONE :			
ACTION REQUIRED :			
ACTION TAKEN :			
DATE ACTION WAS LOGGED :		LOGGED BY :	
DATE ACTION WAS LOGGED :		CLOSED BY :	

NOTES

DATE :		TIME :	
LOCATION :		PHONE NO :	
DURATION :			
CHECKS DONE :			
ACTION REQUIRED :			
ACTION TAKEN :			
DATE ACTION WAS LOGGED :		LOGGED BY :	
DATE ACTION WAS LOGGED :		CLOSED BY :	
NOTES			

DATE :		TIME :	
LOCATION :		PHONE NO :	
DURATION :			
CHECKS DONE :			
ACTION REQUIRED :			
ACTION TAKEN :			
DATE ACTION WAS LOGGED :		LOGGED BY :	
DATE ACTION WAS LOGGED :		CLOSED BY :	
NOTES			

DATE :		TIME :	
LOCATION :		PHONE NO :	
DURATION :			
CHECKS DONE :			
ACTION REQUIRED :			
ACTION TAKEN :			
DATE ACTION WAS LOGGED :		LOGGED BY :	
DATE ACTION WAS LOGGED :		CLOSED BY :	
NOTES			

DATE :		TIME :	
LOCATION :		PHONE NO :	
DURATION :			
CHECKS DONE :			
ACTION REQUIRED :			
ACTION TAKEN :			
DATE ACTION WAS LOGGED :		LOGGED BY :	
DATE ACTION WAS LOGGED :		CLOSED BY :	
NOTES			

DATE :		TIME :	
LOCATION :		PHONE NO :	
DURATION :			
CHECKS DONE :			
ACTION REQUIRED :			
ACTION TAKEN :			
DATE ACTION WAS LOGGED :		LOGGED BY :	
DATE ACTION WAS LOGGED :		CLOSED BY :	
NOTES			

DATE :		TIME :	
LOCATION :		PHONE NO :	
DURATION :			
CHECKS DONE :			
ACTION REQUIRED :			
ACTION TAKEN :			
DATE ACTION WAS LOGGED :		LOGGED BY :	
DATE ACTION WAS LOGGED :		CLOSED BY :	
NOTES			

DATE :		TIME :	
LOCATION :		PHONE NO :	
DURATION :			
CHECKS DONE :			
ACTION REQUIRED :			
ACTION TAKEN :			
DATE ACTION WAS LOGGED :		LOGGED BY :	
DATE ACTION WAS LOGGED :		CLOSED BY :	
NOTES			

DATE :		TIME :	
LOCATION :		PHONE NO :	
DURATION :			
CHECKS DONE :			
ACTION REQUIRED :			
ACTION TAKEN :			
DATE ACTION WAS LOGGED :		LOGGED BY :	
DATE ACTION WAS LOGGED :		CLOSED BY :	
NOTES			

DATE :		TIME :	
LOCATION :		PHONE NO :	
DURATION :			
CHECKS DONE :			
ACTION REQUIRED :			
ACTION TAKEN :			
DATE ACTION WAS LOGGED :		LOGGED BY :	
DATE ACTION WAS LOGGED :		CLOSED BY :	
NOTES			

DATE :		TIME :	
LOCATION :		PHONE NO :	
DURATION :			
CHECKS DONE :			
ACTION REQUIRED :			
ACTION TAKEN :			
DATE ACTION WAS LOGGED :		LOGGED BY :	
DATE ACTION WAS LOGGED :		CLOSED BY :	
NOTES			

DATE :		TIME :	
LOCATION :		PHONE NO :	
DURATION :			
CHECKS DONE :			
ACTION REQUIRED :			
ACTION TAKEN :			
DATE ACTION WAS LOGGED :		LOGGED BY :	
DATE ACTION WAS LOGGED :		CLOSED BY :	
NOTES			

DATE :		TIME :	
LOCATION :		PHONE NO :	
DURATION :			
CHECKS DONE :			
ACTION REQUIRED :			
ACTION TAKEN :			
DATE ACTION WAS LOGGED :		LOGGED BY :	
DATE ACTION WAS LOGGED :		CLOSED BY :	
NOTES			

DATE :		TIME :	
LOCATION :		PHONE NO :	
DURATION :			
CHECKS DONE :			
ACTION REQUIRED :			
ACTION TAKEN :			
DATE ACTION WAS LOGGED :		LOGGED BY :	
DATE ACTION WAS LOGGED :		CLOSED BY :	
NOTES			

DATE :		TIME :	
LOCATION :		PHONE NO :	
DURATION :			
CHECKS DONE :			
ACTION REQUIRED :			
ACTION TAKEN :			
DATE ACTION WAS LOGGED :		LOGGED BY :	
DATE ACTION WAS LOGGED :		CLOSED BY :	
NOTES			

DATE :		TIME :	
LOCATION :		PHONE NO :	
DURATION :			
CHECKS DONE :			
ACTION REQUIRED :			
ACTION TAKEN :			
DATE ACTION WAS LOGGED :		LOGGED BY :	
DATE ACTION WAS LOGGED :		CLOSED BY :	
NOTES			

DATE :		TIME :	
LOCATION :		PHONE NO :	
DURATION :			
CHECKS DONE :			
ACTION REQUIRED :			
ACTION TAKEN :			
DATE ACTION WAS LOGGED :		LOGGED BY :	
DATE ACTION WAS LOGGED :		CLOSED BY :	
NOTES			

DATE :		TIME :	
LOCATION :		PHONE NO :	
DURATION :			
CHECKS DONE :			
ACTION REQUIRED :			
ACTION TAKEN :			
DATE ACTION WAS LOGGED :		LOGGED BY :	
DATE ACTION WAS LOGGED :		CLOSED BY :	

NOTES

DATE :		TIME :	
LOCATION :		PHONE NO :	
DURATION :			
CHECKS DONE :			
ACTION REQUIRED :			
ACTION TAKEN :			
DATE ACTION WAS LOGGED :		LOGGED BY :	
DATE ACTION WAS LOGGED :		CLOSED BY :	

NOTES

DATE :		TIME :	
LOCATION :		PHONE NO :	
DURATION :			
CHECKS DONE :			
ACTION REQUIRED :			
ACTION TAKEN :			
DATE ACTION WAS LOGGED :		LOGGED BY :	
DATE ACTION WAS LOGGED :		CLOSED BY :	
NOTES			

DATE :		TIME :	
LOCATION :		PHONE NO :	
DURATION :			
CHECKS DONE :			
ACTION REQUIRED :			
ACTION TAKEN :			
DATE ACTION WAS LOGGED :		LOGGED BY :	
DATE ACTION WAS LOGGED :		CLOSED BY :	
NOTES			

DATE :		TIME :	
LOCATION :		PHONE NO :	
DURATION :			
CHECKS DONE :			
ACTION REQUIRED :			
ACTION TAKEN :			
DATE ACTION WAS LOGGED :		LOGGED BY :	
DATE ACTION WAS LOGGED :		CLOSED BY :	
NOTES			

DATE :		TIME :	
LOCATION :		PHONE NO :	
DURATION :			
CHECKS DONE :			
ACTION REQUIRED :			
ACTION TAKEN :			
DATE ACTION WAS LOGGED :		LOGGED BY :	
DATE ACTION WAS LOGGED :		CLOSED BY :	
NOTES			

<table>
<tr><td>DATE :</td><td></td><td>TIME :</td><td></td></tr>
<tr><td>LOCATION :</td><td></td><td>PHONE NO :</td><td></td></tr>
<tr><td>DURATION :</td><td colspan="3"></td></tr>
<tr><td>CHECKS DONE :</td><td colspan="3"></td></tr>
<tr><td rowspan="2">ACTION REQUIRED :</td><td colspan="3"></td></tr>
<tr><td colspan="3"></td></tr>
<tr><td rowspan="2">ACTION TAKEN :</td><td colspan="3"></td></tr>
<tr><td colspan="3"></td></tr>
<tr><td>DATE ACTION WAS LOGGED :</td><td></td><td>LOGGED BY :</td><td></td></tr>
<tr><td>DATE ACTION WAS LOGGED :</td><td></td><td>CLOSED BY :</td><td></td></tr>
<tr><td colspan="4">NOTES</td></tr>
<tr><td colspan="4"></td></tr>
<tr><td colspan="4"></td></tr>
<tr><td colspan="4"></td></tr>
</table>

<table>
<tr><td>DATE :</td><td></td><td>TIME :</td><td></td></tr>
<tr><td>LOCATION :</td><td></td><td>PHONE NO :</td><td></td></tr>
<tr><td>DURATION :</td><td colspan="3"></td></tr>
<tr><td>CHECKS DONE :</td><td colspan="3"></td></tr>
<tr><td rowspan="2">ACTION REQUIRED :</td><td colspan="3"></td></tr>
<tr><td colspan="3"></td></tr>
<tr><td rowspan="2">ACTION TAKEN :</td><td colspan="3"></td></tr>
<tr><td colspan="3"></td></tr>
<tr><td>DATE ACTION WAS LOGGED :</td><td></td><td>LOGGED BY :</td><td></td></tr>
<tr><td>DATE ACTION WAS LOGGED :</td><td></td><td>CLOSED BY :</td><td></td></tr>
<tr><td colspan="4">NOTES</td></tr>
<tr><td colspan="4"></td></tr>
<tr><td colspan="4"></td></tr>
<tr><td colspan="4"></td></tr>
</table>

DATE :		TIME :	
LOCATION :		PHONE NO :	
DURATION :			
CHECKS DONE :			
ACTION REQUIRED :			
ACTION TAKEN :			
DATE ACTION WAS LOGGED :		LOGGED BY :	
DATE ACTION WAS LOGGED :		CLOSED BY :	

NOTES

DATE :		TIME :	
LOCATION :		PHONE NO :	
DURATION :			
CHECKS DONE :			
ACTION REQUIRED :			
ACTION TAKEN :			
DATE ACTION WAS LOGGED :		LOGGED BY :	
DATE ACTION WAS LOGGED :		CLOSED BY :	

NOTES

DATE :		TIME :	
LOCATION :		PHONE NO :	
DURATION :			
CHECKS DONE :			
ACTION REQUIRED :			
ACTION TAKEN :			
DATE ACTION WAS LOGGED :		LOGGED BY :	
DATE ACTION WAS LOGGED :		CLOSED BY :	
NOTES			

DATE :		TIME :	
LOCATION :		PHONE NO :	
DURATION :			
CHECKS DONE :			
ACTION REQUIRED :			
ACTION TAKEN :			
DATE ACTION WAS LOGGED :		LOGGED BY :	
DATE ACTION WAS LOGGED :		CLOSED BY :	
NOTES			

DATE :		TIME :	
LOCATION :		PHONE NO :	
DURATION :			
CHECKS DONE :			
ACTION REQUIRED :			
ACTION TAKEN :			
DATE ACTION WAS LOGGED :		LOGGED BY :	
DATE ACTION WAS LOGGED :		CLOSED BY :	
NOTES			

DATE :		TIME :	
LOCATION :		PHONE NO :	
DURATION :			
CHECKS DONE :			
ACTION REQUIRED :			
ACTION TAKEN :			
DATE ACTION WAS LOGGED :		LOGGED BY :	
DATE ACTION WAS LOGGED :		CLOSED BY :	
NOTES			

DATE :		TIME :	
LOCATION :		PHONE NO :	
DURATION :			
CHECKS DONE :			
ACTION REQUIRED :			
ACTION TAKEN :			
DATE ACTION WAS LOGGED :		LOGGED BY :	
DATE ACTION WAS LOGGED :		CLOSED BY :	
NOTES			

DATE :		TIME :	
LOCATION :		PHONE NO :	
DURATION :			
CHECKS DONE :			
ACTION REQUIRED :			
ACTION TAKEN :			
DATE ACTION WAS LOGGED :		LOGGED BY :	
DATE ACTION WAS LOGGED :		CLOSED BY :	
NOTES			

<table>
<tr><td>DATE :</td><td></td><td>TIME :</td><td></td></tr>
<tr><td>LOCATION :</td><td></td><td>PHONE NO :</td><td></td></tr>
<tr><td>DURATION :</td><td colspan="3"></td></tr>
<tr><td>CHECKS DONE :</td><td colspan="3"></td></tr>
<tr><td rowspan="2">ACTION REQUIRED :</td><td colspan="3"></td></tr>
<tr><td colspan="3"></td></tr>
<tr><td rowspan="2">ACTION TAKEN :</td><td colspan="3"></td></tr>
<tr><td colspan="3"></td></tr>
<tr><td>DATE ACTION WAS LOGGED :</td><td></td><td>LOGGED BY :</td><td></td></tr>
<tr><td>DATE ACTION WAS LOGGED :</td><td></td><td>CLOSED BY :</td><td></td></tr>
<tr><td colspan="4">NOTES</td></tr>
<tr><td colspan="4"></td></tr>
<tr><td colspan="4"></td></tr>
<tr><td colspan="4"></td></tr>
</table>

<table>
<tr><td>DATE :</td><td></td><td>TIME :</td><td></td></tr>
<tr><td>LOCATION :</td><td></td><td>PHONE NO :</td><td></td></tr>
<tr><td>DURATION :</td><td colspan="3"></td></tr>
<tr><td>CHECKS DONE :</td><td colspan="3"></td></tr>
<tr><td rowspan="2">ACTION REQUIRED :</td><td colspan="3"></td></tr>
<tr><td colspan="3"></td></tr>
<tr><td rowspan="2">ACTION TAKEN :</td><td colspan="3"></td></tr>
<tr><td colspan="3"></td></tr>
<tr><td>DATE ACTION WAS LOGGED :</td><td></td><td>LOGGED BY :</td><td></td></tr>
<tr><td>DATE ACTION WAS LOGGED :</td><td></td><td>CLOSED BY :</td><td></td></tr>
<tr><td colspan="4">NOTES</td></tr>
<tr><td colspan="4"></td></tr>
<tr><td colspan="4"></td></tr>
<tr><td colspan="4"></td></tr>
</table>

DATE :		TIME :	
LOCATION :		PHONE NO :	
DURATION :			
CHECKS DONE :			
ACTION REQUIRED :			
ACTION TAKEN :			
DATE ACTION WAS LOGGED :		LOGGED BY :	
DATE ACTION WAS LOGGED :		CLOSED BY :	
NOTES			

DATE :		TIME :	
LOCATION :		PHONE NO :	
DURATION :			
CHECKS DONE :			
ACTION REQUIRED :			
ACTION TAKEN :			
DATE ACTION WAS LOGGED :		LOGGED BY :	
DATE ACTION WAS LOGGED :		CLOSED BY :	
NOTES			

DATE :		TIME :	
LOCATION :		PHONE NO :	
DURATION :			
CHECKS DONE :			
ACTION REQUIRED :			
ACTION TAKEN :			
DATE ACTION WAS LOGGED :		LOGGED BY :	
DATE ACTION WAS LOGGED :		CLOSED BY :	

NOTES

DATE :		TIME :	
LOCATION :		PHONE NO :	
DURATION :			
CHECKS DONE :			
ACTION REQUIRED :			
ACTION TAKEN :			
DATE ACTION WAS LOGGED :		LOGGED BY :	
DATE ACTION WAS LOGGED :		CLOSED BY :	

NOTES

DATE :		TIME :	
LOCATION :		PHONE NO :	
DURATION :			
CHECKS DONE :			
ACTION REQUIRED :			
ACTION TAKEN :			
DATE ACTION WAS LOGGED :		LOGGED BY :	
DATE ACTION WAS LOGGED :		CLOSED BY :	
NOTES			

DATE :		TIME :	
LOCATION :		PHONE NO :	
DURATION :			
CHECKS DONE :			
ACTION REQUIRED :			
ACTION TAKEN :			
DATE ACTION WAS LOGGED :		LOGGED BY :	
DATE ACTION WAS LOGGED :		CLOSED BY :	
NOTES			

DATE :		TIME :	
LOCATION :		PHONE NO :	
DURATION :			
CHECKS DONE :			
ACTION REQUIRED :			
ACTION TAKEN :			
DATE ACTION WAS LOGGED :		LOGGED BY :	
DATE ACTION WAS LOGGED :		CLOSED BY :	

NOTES

DATE :		TIME :	
LOCATION :		PHONE NO :	
DURATION :			
CHECKS DONE :			
ACTION REQUIRED :			
ACTION TAKEN :			
DATE ACTION WAS LOGGED :		LOGGED BY :	
DATE ACTION WAS LOGGED :		CLOSED BY :	

NOTES

DATE :		TIME :	
LOCATION :		PHONE NO :	
DURATION :			
CHECKS DONE :			
ACTION REQUIRED :			
ACTION TAKEN :			
DATE ACTION WAS LOGGED :		LOGGED BY :	
DATE ACTION WAS LOGGED :		CLOSED BY :	
NOTES			

DATE :		TIME :	
LOCATION :		PHONE NO :	
DURATION :			
CHECKS DONE :			
ACTION REQUIRED :			
ACTION TAKEN :			
DATE ACTION WAS LOGGED :		LOGGED BY :	
DATE ACTION WAS LOGGED :		CLOSED BY :	
NOTES			

DATE :		TIME :	
LOCATION :		PHONE NO :	
DURATION :			
CHECKS DONE :			
ACTION REQUIRED :			
ACTION TAKEN :			
DATE ACTION WAS LOGGED :		LOGGED BY :	
DATE ACTION WAS LOGGED :		CLOSED BY :	
NOTES			

DATE :		TIME :	
LOCATION :		PHONE NO :	
DURATION :			
CHECKS DONE :			
ACTION REQUIRED :			
ACTION TAKEN :			
DATE ACTION WAS LOGGED :		LOGGED BY :	
DATE ACTION WAS LOGGED :		CLOSED BY :	
NOTES			

DATE :		TIME :	
LOCATION :		PHONE NO :	
DURATION :			
CHECKS DONE :			
ACTION REQUIRED :			
ACTION TAKEN :			
DATE ACTION WAS LOGGED :		LOGGED BY :	
DATE ACTION WAS LOGGED :		CLOSED BY :	
NOTES			

DATE :		TIME :	
LOCATION :		PHONE NO :	
DURATION :			
CHECKS DONE :			
ACTION REQUIRED :			
ACTION TAKEN :			
DATE ACTION WAS LOGGED :		LOGGED BY :	
DATE ACTION WAS LOGGED :		CLOSED BY :	
NOTES			

DATE :		TIME :	
LOCATION :		PHONE NO :	
DURATION :			
CHECKS DONE :			
ACTION REQUIRED :			
ACTION TAKEN :			
DATE ACTION WAS LOGGED :		LOGGED BY :	
DATE ACTION WAS LOGGED :		CLOSED BY :	
NOTES			

DATE :		TIME :	
LOCATION :		PHONE NO :	
DURATION :			
CHECKS DONE :			
ACTION REQUIRED :			
ACTION TAKEN :			
DATE ACTION WAS LOGGED :		LOGGED BY :	
DATE ACTION WAS LOGGED :		CLOSED BY :	
NOTES			

DATE :		TIME :	
LOCATION :		PHONE NO :	
DURATION :			
CHECKS DONE :			
ACTION REQUIRED :			
ACTION TAKEN :			
DATE ACTION WAS LOGGED :		LOGGED BY :	
DATE ACTION WAS LOGGED :		CLOSED BY :	
NOTES			

DATE :		TIME :	
LOCATION :		PHONE NO :	
DURATION :			
CHECKS DONE :			
ACTION REQUIRED :			
ACTION TAKEN :			
DATE ACTION WAS LOGGED :		LOGGED BY :	
DATE ACTION WAS LOGGED :		CLOSED BY :	
NOTES			

DATE :		TIME :	
LOCATION :		PHONE NO :	
DURATION :			
CHECKS DONE :			
ACTION REQUIRED :			
ACTION TAKEN :			
DATE ACTION WAS LOGGED :		LOGGED BY :	
DATE ACTION WAS LOGGED :		CLOSED BY :	
NOTES			

DATE :		TIME :	
LOCATION :		PHONE NO :	
DURATION :			
CHECKS DONE :			
ACTION REQUIRED :			
ACTION TAKEN :			
DATE ACTION WAS LOGGED :		LOGGED BY :	
DATE ACTION WAS LOGGED :		CLOSED BY :	
NOTES			

DATE :		TIME :	
LOCATION :		PHONE NO :	
DURATION :			
CHECKS DONE :			
ACTION REQUIRED :			
ACTION TAKEN :			
DATE ACTION WAS LOGGED :		LOGGED BY :	
DATE ACTION WAS LOGGED :		CLOSED BY :	
NOTES			

DATE :		TIME :	
LOCATION :		PHONE NO :	
DURATION :			
CHECKS DONE :			
ACTION REQUIRED :			
ACTION TAKEN :			
DATE ACTION WAS LOGGED :		LOGGED BY :	
DATE ACTION WAS LOGGED :		CLOSED BY :	
NOTES			

DATE :		TIME :	
LOCATION :		PHONE NO :	
DURATION :			
CHECKS DONE :			
ACTION REQUIRED :			
ACTION TAKEN :			
DATE ACTION WAS LOGGED :		LOGGED BY :	
DATE ACTION WAS LOGGED :		CLOSED BY :	

NOTES

DATE :		TIME :	
LOCATION :		PHONE NO :	
DURATION :			
CHECKS DONE :			
ACTION REQUIRED :			
ACTION TAKEN :			
DATE ACTION WAS LOGGED :		LOGGED BY :	
DATE ACTION WAS LOGGED :		CLOSED BY :	

NOTES

DATE :		TIME :	
LOCATION :		PHONE NO :	
DURATION :			
CHECKS DONE :			
ACTION REQUIRED :			
ACTION TAKEN :			
DATE ACTION WAS LOGGED :		LOGGED BY :	
DATE ACTION WAS LOGGED :		CLOSED BY :	
NOTES			

DATE :		TIME :	
LOCATION :		PHONE NO :	
DURATION :			
CHECKS DONE :			
ACTION REQUIRED :			
ACTION TAKEN :			
DATE ACTION WAS LOGGED :		LOGGED BY :	
DATE ACTION WAS LOGGED :		CLOSED BY :	
NOTES			

DATE :		TIME :	
LOCATION :		PHONE NO :	
DURATION :			
CHECKS DONE :			
ACTION REQUIRED :			
ACTION TAKEN :			
DATE ACTION WAS LOGGED :		LOGGED BY :	
DATE ACTION WAS LOGGED :		CLOSED BY :	
NOTES			

DATE :		TIME :	
LOCATION :		PHONE NO :	
DURATION :			
CHECKS DONE :			
ACTION REQUIRED :			
ACTION TAKEN :			
DATE ACTION WAS LOGGED :		LOGGED BY :	
DATE ACTION WAS LOGGED :		CLOSED BY :	
NOTES			

DATE :		TIME :	
LOCATION :		PHONE NO :	
DURATION :			
CHECKS DONE :			
ACTION REQUIRED :			
ACTION TAKEN :			
DATE ACTION WAS LOGGED :		LOGGED BY :	
DATE ACTION WAS LOGGED :		CLOSED BY :	
NOTES			

DATE :		TIME :	
LOCATION :		PHONE NO :	
DURATION :			
CHECKS DONE :			
ACTION REQUIRED :			
ACTION TAKEN :			
DATE ACTION WAS LOGGED :		LOGGED BY :	
DATE ACTION WAS LOGGED :		CLOSED BY :	
NOTES			

DATE :		TIME :	
LOCATION :		PHONE NO :	
DURATION :			
CHECKS DONE :			
ACTION REQUIRED :			
ACTION TAKEN :			
DATE ACTION WAS LOGGED :		LOGGED BY :	
DATE ACTION WAS LOGGED :		CLOSED BY :	
NOTES			

DATE :		TIME :	
LOCATION :		PHONE NO :	
DURATION :			
CHECKS DONE :			
ACTION REQUIRED :			
ACTION TAKEN :			
DATE ACTION WAS LOGGED :		LOGGED BY :	
DATE ACTION WAS LOGGED :		CLOSED BY :	
NOTES			

DATE :		TIME :	
LOCATION :		PHONE NO :	
DURATION :			
CHECKS DONE :			
ACTION REQUIRED :			
ACTION TAKEN :			
DATE ACTION WAS LOGGED :		LOGGED BY :	
DATE ACTION WAS LOGGED :		CLOSED BY :	

NOTES

DATE :		TIME :	
LOCATION :		PHONE NO :	
DURATION :			
CHECKS DONE :			
ACTION REQUIRED :			
ACTION TAKEN :			
DATE ACTION WAS LOGGED :		LOGGED BY :	
DATE ACTION WAS LOGGED :		CLOSED BY :	

NOTES

DATE :		TIME :	
LOCATION :		PHONE NO :	
DURATION :			
CHECKS DONE :			
ACTION REQUIRED :			
ACTION TAKEN :			
DATE ACTION WAS LOGGED :		LOGGED BY :	
DATE ACTION WAS LOGGED :		CLOSED BY :	

NOTES

DATE :		TIME :	
LOCATION :		PHONE NO :	
DURATION :			
CHECKS DONE :			
ACTION REQUIRED :			
ACTION TAKEN :			
DATE ACTION WAS LOGGED :		LOGGED BY :	
DATE ACTION WAS LOGGED :		CLOSED BY :	

NOTES

DATE :		TIME :	
LOCATION :		PHONE NO :	
DURATION :			
CHECKS DONE :			
ACTION REQUIRED :			
ACTION TAKEN :			
DATE ACTION WAS LOGGED :		LOGGED BY :	
DATE ACTION WAS LOGGED :		CLOSED BY :	

NOTES

DATE :		TIME :	
LOCATION :		PHONE NO :	
DURATION :			
CHECKS DONE :			
ACTION REQUIRED :			
ACTION TAKEN :			
DATE ACTION WAS LOGGED :		LOGGED BY :	
DATE ACTION WAS LOGGED :		CLOSED BY :	

NOTES

DATE :		TIME :	
LOCATION :		PHONE NO :	
DURATION :			
CHECKS DONE :			
ACTION REQUIRED :			
ACTION TAKEN :			
DATE ACTION WAS LOGGED :		LOGGED BY :	
DATE ACTION WAS LOGGED :		CLOSED BY :	
NOTES			

DATE :		TIME :	
LOCATION :		PHONE NO :	
DURATION :			
CHECKS DONE :			
ACTION REQUIRED :			
ACTION TAKEN :			
DATE ACTION WAS LOGGED :		LOGGED BY :	
DATE ACTION WAS LOGGED :		CLOSED BY :	
NOTES			

DATE :		TIME :	
LOCATION :		PHONE NO :	
DURATION :			
CHECKS DONE :			
ACTION REQUIRED :			
ACTION TAKEN :			
DATE ACTION WAS LOGGED :		LOGGED BY :	
DATE ACTION WAS LOGGED :		CLOSED BY :	
NOTES			

DATE :		TIME :	
LOCATION :		PHONE NO :	
DURATION :			
CHECKS DONE :			
ACTION REQUIRED :			
ACTION TAKEN :			
DATE ACTION WAS LOGGED :		LOGGED BY :	
DATE ACTION WAS LOGGED :		CLOSED BY :	
NOTES			

DATE :		TIME :	
LOCATION :		PHONE NO :	
DURATION :			
CHECKS DONE :			
ACTION REQUIRED :			
ACTION TAKEN :			
DATE ACTION WAS LOGGED :		LOGGED BY :	
DATE ACTION WAS LOGGED :		CLOSED BY :	
NOTES			

DATE :		TIME :	
LOCATION :		PHONE NO :	
DURATION :			
CHECKS DONE :			
ACTION REQUIRED :			
ACTION TAKEN :			
DATE ACTION WAS LOGGED :		LOGGED BY :	
DATE ACTION WAS LOGGED :		CLOSED BY :	
NOTES			

DATE :		TIME :	
LOCATION :		PHONE NO :	
DURATION :			
CHECKS DONE :			
ACTION REQUIRED :			
ACTION TAKEN :			
DATE ACTION WAS LOGGED :		LOGGED BY :	
DATE ACTION WAS LOGGED :		CLOSED BY :	
NOTES			

DATE :		TIME :	
LOCATION :		PHONE NO :	
DURATION :			
CHECKS DONE :			
ACTION REQUIRED :			
ACTION TAKEN :			
DATE ACTION WAS LOGGED :		LOGGED BY :	
DATE ACTION WAS LOGGED :		CLOSED BY :	
NOTES			

DATE :		TIME :	
LOCATION :		PHONE NO :	
DURATION :			
CHECKS DONE :			
ACTION REQUIRED :			
ACTION TAKEN :			
DATE ACTION WAS LOGGED :		LOGGED BY :	
DATE ACTION WAS LOGGED :		CLOSED BY :	
NOTES			

DATE :		TIME :	
LOCATION :		PHONE NO :	
DURATION :			
CHECKS DONE :			
ACTION REQUIRED :			
ACTION TAKEN :			
DATE ACTION WAS LOGGED :		LOGGED BY :	
DATE ACTION WAS LOGGED :		CLOSED BY :	
NOTES			

DATE :		TIME :	
LOCATION :		PHONE NO :	
DURATION :			
CHECKS DONE :			
ACTION REQUIRED :			
ACTION TAKEN :			
DATE ACTION WAS LOGGED :		LOGGED BY :	
DATE ACTION WAS LOGGED :		CLOSED BY :	
NOTES			

DATE :		TIME :	
LOCATION :		PHONE NO :	
DURATION :			
CHECKS DONE :			
ACTION REQUIRED :			
ACTION TAKEN :			
DATE ACTION WAS LOGGED :		LOGGED BY :	
DATE ACTION WAS LOGGED :		CLOSED BY :	
NOTES			

DATE :		TIME :	
LOCATION :		PHONE NO :	
DURATION :			
CHECKS DONE :			
ACTION REQUIRED :			
ACTION TAKEN :			
DATE ACTION WAS LOGGED :		LOGGED BY :	
DATE ACTION WAS LOGGED :		CLOSED BY :	

NOTES

DATE :		TIME :	
LOCATION :		PHONE NO :	
DURATION :			
CHECKS DONE :			
ACTION REQUIRED :			
ACTION TAKEN :			
DATE ACTION WAS LOGGED :		LOGGED BY :	
DATE ACTION WAS LOGGED :		CLOSED BY :	

NOTES

DATE :		TIME :	
LOCATION :		PHONE NO :	
DURATION :			
CHECKS DONE :			
ACTION REQUIRED :			
ACTION TAKEN :			
DATE ACTION WAS LOGGED :		LOGGED BY :	
DATE ACTION WAS LOGGED :		CLOSED BY :	
NOTES			

DATE :		TIME :	
LOCATION :		PHONE NO :	
DURATION :			
CHECKS DONE :			
ACTION REQUIRED :			
ACTION TAKEN :			
DATE ACTION WAS LOGGED :		LOGGED BY :	
DATE ACTION WAS LOGGED :		CLOSED BY :	
NOTES			

DATE :		TIME :	
LOCATION :		PHONE NO :	
DURATION :			
CHECKS DONE :			
ACTION REQUIRED :			
ACTION TAKEN :			
DATE ACTION WAS LOGGED :		LOGGED BY :	
DATE ACTION WAS LOGGED :		CLOSED BY :	
NOTES			

DATE :		TIME :	
LOCATION :		PHONE NO :	
DURATION :			
CHECKS DONE :			
ACTION REQUIRED :			
ACTION TAKEN :			
DATE ACTION WAS LOGGED :		LOGGED BY :	
DATE ACTION WAS LOGGED :		CLOSED BY :	
NOTES			

DATE :		TIME :	
LOCATION :		PHONE NO :	
DURATION :			
CHECKS DONE :			
ACTION REQUIRED :			
ACTION TAKEN :			
DATE ACTION WAS LOGGED :		LOGGED BY :	
DATE ACTION WAS LOGGED :		CLOSED BY :	
NOTES			

DATE :		TIME :	
LOCATION :		PHONE NO :	
DURATION :			
CHECKS DONE :			
ACTION REQUIRED :			
ACTION TAKEN :			
DATE ACTION WAS LOGGED :		LOGGED BY :	
DATE ACTION WAS LOGGED :		CLOSED BY :	
NOTES			

DATE :		TIME :	
LOCATION :		PHONE NO :	
DURATION :			
CHECKS DONE :			
ACTION REQUIRED :			
ACTION TAKEN :			
DATE ACTION WAS LOGGED :		LOGGED BY :	
DATE ACTION WAS LOGGED :		CLOSED BY :	
NOTES			

DATE :		TIME :	
LOCATION :		PHONE NO :	
DURATION :			
CHECKS DONE :			
ACTION REQUIRED :			
ACTION TAKEN :			
DATE ACTION WAS LOGGED :		LOGGED BY :	
DATE ACTION WAS LOGGED :		CLOSED BY :	
NOTES			

DATE :		TIME :	
LOCATION :		PHONE NO :	
DURATION :			
CHECKS DONE :			
ACTION REQUIRED :			
ACTION TAKEN :			
DATE ACTION WAS LOGGED :		LOGGED BY :	
DATE ACTION WAS LOGGED :		CLOSED BY :	

NOTES

DATE :		TIME :	
LOCATION :		PHONE NO :	
DURATION :			
CHECKS DONE :			
ACTION REQUIRED :			
ACTION TAKEN :			
DATE ACTION WAS LOGGED :		LOGGED BY :	
DATE ACTION WAS LOGGED :		CLOSED BY :	

NOTES

<table>
<tr><td>DATE :</td><td></td><td>TIME :</td><td></td></tr>
<tr><td>LOCATION :</td><td></td><td>PHONE NO :</td><td></td></tr>
<tr><td>DURATION :</td><td colspan="3"></td></tr>
<tr><td>CHECKS DONE :</td><td colspan="3"></td></tr>
<tr><td rowspan="2">ACTION REQUIRED :</td><td colspan="3"></td></tr>
<tr><td colspan="3"></td></tr>
<tr><td rowspan="2">ACTION TAKEN :</td><td colspan="3"></td></tr>
<tr><td colspan="3"></td></tr>
<tr><td>DATE ACTION WAS LOGGED :</td><td></td><td>LOGGED BY :</td><td></td></tr>
<tr><td>DATE ACTION WAS LOGGED :</td><td></td><td>CLOSED BY :</td><td></td></tr>
<tr><td colspan="4">NOTES</td></tr>
<tr><td colspan="4"></td></tr>
<tr><td colspan="4"></td></tr>
<tr><td colspan="4"></td></tr>
</table>

<table>
<tr><td>DATE :</td><td></td><td>TIME :</td><td></td></tr>
<tr><td>LOCATION :</td><td></td><td>PHONE NO :</td><td></td></tr>
<tr><td>DURATION :</td><td colspan="3"></td></tr>
<tr><td>CHECKS DONE :</td><td colspan="3"></td></tr>
<tr><td rowspan="2">ACTION REQUIRED :</td><td colspan="3"></td></tr>
<tr><td colspan="3"></td></tr>
<tr><td rowspan="2">ACTION TAKEN :</td><td colspan="3"></td></tr>
<tr><td colspan="3"></td></tr>
<tr><td>DATE ACTION WAS LOGGED :</td><td></td><td>LOGGED BY :</td><td></td></tr>
<tr><td>DATE ACTION WAS LOGGED :</td><td></td><td>CLOSED BY :</td><td></td></tr>
<tr><td colspan="4">NOTES</td></tr>
<tr><td colspan="4"></td></tr>
<tr><td colspan="4"></td></tr>
<tr><td colspan="4"></td></tr>
</table>

DATE :		TIME :	
LOCATION :		PHONE NO :	
DURATION :			
CHECKS DONE :			
ACTION REQUIRED :			
ACTION TAKEN :			
DATE ACTION WAS LOGGED :		LOGGED BY :	
DATE ACTION WAS LOGGED :		CLOSED BY :	
NOTES			

DATE :		TIME :	
LOCATION :		PHONE NO :	
DURATION :			
CHECKS DONE :			
ACTION REQUIRED :			
ACTION TAKEN :			
DATE ACTION WAS LOGGED :		LOGGED BY :	
DATE ACTION WAS LOGGED :		CLOSED BY :	
NOTES			

DATE :		TIME :	
LOCATION :		PHONE NO :	
DURATION :			
CHECKS DONE :			
ACTION REQUIRED :			
ACTION TAKEN :			
DATE ACTION WAS LOGGED :		LOGGED BY :	
DATE ACTION WAS LOGGED :		CLOSED BY :	
NOTES			

DATE :		TIME :	
LOCATION :		PHONE NO :	
DURATION :			
CHECKS DONE :			
ACTION REQUIRED :			
ACTION TAKEN :			
DATE ACTION WAS LOGGED :		LOGGED BY :	
DATE ACTION WAS LOGGED :		CLOSED BY :	
NOTES			

DATE :		TIME :	
LOCATION :		PHONE NO :	
DURATION :			
CHECKS DONE :			
ACTION REQUIRED :			
ACTION TAKEN :			
DATE ACTION WAS LOGGED :		LOGGED BY :	
DATE ACTION WAS LOGGED :		CLOSED BY :	
NOTES			

DATE :		TIME :	
LOCATION :		PHONE NO :	
DURATION :			
CHECKS DONE :			
ACTION REQUIRED :			
ACTION TAKEN :			
DATE ACTION WAS LOGGED :		LOGGED BY :	
DATE ACTION WAS LOGGED :		CLOSED BY :	
NOTES			

DATE :		TIME :	
LOCATION :		PHONE NO :	
DURATION :			
CHECKS DONE :			
ACTION REQUIRED :			
ACTION TAKEN :			
DATE ACTION WAS LOGGED :		LOGGED BY :	
DATE ACTION WAS LOGGED :		CLOSED BY :	
NOTES			

DATE :		TIME :	
LOCATION :		PHONE NO :	
DURATION :			
CHECKS DONE :			
ACTION REQUIRED :			
ACTION TAKEN :			
DATE ACTION WAS LOGGED :		LOGGED BY :	
DATE ACTION WAS LOGGED :		CLOSED BY :	
NOTES			

DATE :		TIME :	
LOCATION :		PHONE NO :	
DURATION :			
CHECKS DONE :			
ACTION REQUIRED :			
ACTION TAKEN :			
DATE ACTION WAS LOGGED :		LOGGED BY :	
DATE ACTION WAS LOGGED :		CLOSED BY :	
NOTES			

DATE :		TIME :	
LOCATION :		PHONE NO :	
DURATION :			
CHECKS DONE :			
ACTION REQUIRED :			
ACTION TAKEN :			
DATE ACTION WAS LOGGED :		LOGGED BY :	
DATE ACTION WAS LOGGED :		CLOSED BY :	
NOTES			

DATE :		TIME :	
LOCATION :		PHONE NO :	
DURATION :			
CHECKS DONE :			
ACTION REQUIRED :			
ACTION TAKEN :			
DATE ACTION WAS LOGGED :		LOGGED BY :	
DATE ACTION WAS LOGGED :		CLOSED BY :	
NOTES			

DATE :		TIME :	
LOCATION :		PHONE NO :	
DURATION :			
CHECKS DONE :			
ACTION REQUIRED :			
ACTION TAKEN :			
DATE ACTION WAS LOGGED :		LOGGED BY :	
DATE ACTION WAS LOGGED :		CLOSED BY :	
NOTES			

DATE :		TIME :	
LOCATION :		PHONE NO :	
DURATION :			
CHECKS DONE :			
ACTION REQUIRED :			
ACTION TAKEN :			
DATE ACTION WAS LOGGED :		LOGGED BY :	
DATE ACTION WAS LOGGED :		CLOSED BY :	
NOTES			

DATE :		TIME :	
LOCATION :		PHONE NO :	
DURATION :			
CHECKS DONE :			
ACTION REQUIRED :			
ACTION TAKEN :			
DATE ACTION WAS LOGGED :		LOGGED BY :	
DATE ACTION WAS LOGGED :		CLOSED BY :	
NOTES			

<table>
<tr><td>DATE :</td><td></td><td>TIME :</td><td></td></tr>
<tr><td>LOCATION :</td><td></td><td>PHONE NO :</td><td></td></tr>
<tr><td>DURATION :</td><td colspan="3"></td></tr>
<tr><td>CHECKS DONE :</td><td colspan="3"></td></tr>
<tr><td rowspan="2">ACTION REQUIRED :</td><td colspan="3"></td></tr>
<tr><td colspan="3"></td></tr>
<tr><td rowspan="2">ACTION TAKEN :</td><td colspan="3"></td></tr>
<tr><td colspan="3"></td></tr>
<tr><td>DATE ACTION WAS LOGGED :</td><td></td><td>LOGGED BY :</td><td></td></tr>
<tr><td>DATE ACTION WAS LOGGED :</td><td></td><td>CLOSED BY :</td><td></td></tr>
<tr><td colspan="4">NOTES</td></tr>
<tr><td colspan="4"></td></tr>
</table>

<table>
<tr><td>DATE :</td><td></td><td>TIME :</td><td></td></tr>
<tr><td>LOCATION :</td><td></td><td>PHONE NO :</td><td></td></tr>
<tr><td>DURATION :</td><td colspan="3"></td></tr>
<tr><td>CHECKS DONE :</td><td colspan="3"></td></tr>
<tr><td rowspan="2">ACTION REQUIRED :</td><td colspan="3"></td></tr>
<tr><td colspan="3"></td></tr>
<tr><td rowspan="2">ACTION TAKEN :</td><td colspan="3"></td></tr>
<tr><td colspan="3"></td></tr>
<tr><td>DATE ACTION WAS LOGGED :</td><td></td><td>LOGGED BY :</td><td></td></tr>
<tr><td>DATE ACTION WAS LOGGED :</td><td></td><td>CLOSED BY :</td><td></td></tr>
<tr><td colspan="4">NOTES</td></tr>
<tr><td colspan="4"></td></tr>
</table>

DATE :		TIME :	
LOCATION :		PHONE NO :	
DURATION :			
CHECKS DONE :			
ACTION REQUIRED :			
ACTION TAKEN :			
DATE ACTION WAS LOGGED :		LOGGED BY :	
DATE ACTION WAS LOGGED :		CLOSED BY :	
NOTES			

DATE :		TIME :	
LOCATION :		PHONE NO :	
DURATION :			
CHECKS DONE :			
ACTION REQUIRED :			
ACTION TAKEN :			
DATE ACTION WAS LOGGED :		LOGGED BY :	
DATE ACTION WAS LOGGED :		CLOSED BY :	
NOTES			

DATE :		TIME :	
LOCATION :		PHONE NO :	
DURATION :			
CHECKS DONE :			
ACTION REQUIRED :			
ACTION TAKEN :			
DATE ACTION WAS LOGGED :		LOGGED BY :	
DATE ACTION WAS LOGGED :		CLOSED BY :	
NOTES			

DATE :		TIME :	
LOCATION :		PHONE NO :	
DURATION :			
CHECKS DONE :			
ACTION REQUIRED :			
ACTION TAKEN :			
DATE ACTION WAS LOGGED :		LOGGED BY :	
DATE ACTION WAS LOGGED :		CLOSED BY :	
NOTES			

DATE :		TIME :	
LOCATION :		PHONE NO :	
DURATION :			
CHECKS DONE :			
ACTION REQUIRED :			
ACTION TAKEN :			
DATE ACTION WAS LOGGED :		LOGGED BY :	
DATE ACTION WAS LOGGED :		CLOSED BY :	

NOTES

DATE :		TIME :	
LOCATION :		PHONE NO :	
DURATION :			
CHECKS DONE :			
ACTION REQUIRED :			
ACTION TAKEN :			
DATE ACTION WAS LOGGED :		LOGGED BY :	
DATE ACTION WAS LOGGED :		CLOSED BY :	

NOTES

DATE :		TIME :	
LOCATION :		PHONE NO :	
DURATION :			
CHECKS DONE :			
ACTION REQUIRED :			
ACTION TAKEN :			
DATE ACTION WAS LOGGED :		LOGGED BY :	
DATE ACTION WAS LOGGED :		CLOSED BY :	
NOTES			

DATE :		TIME :	
LOCATION :		PHONE NO :	
DURATION :			
CHECKS DONE :			
ACTION REQUIRED :			
ACTION TAKEN :			
DATE ACTION WAS LOGGED :		LOGGED BY :	
DATE ACTION WAS LOGGED :		CLOSED BY :	
NOTES			

DATE :		TIME :	
LOCATION :		PHONE NO :	
DURATION :			
CHECKS DONE :			
ACTION REQUIRED :			
ACTION TAKEN :			
DATE ACTION WAS LOGGED :		LOGGED BY :	
DATE ACTION WAS LOGGED :		CLOSED BY :	

NOTES

DATE :		TIME :	
LOCATION :		PHONE NO :	
DURATION :			
CHECKS DONE :			
ACTION REQUIRED :			
ACTION TAKEN :			
DATE ACTION WAS LOGGED :		LOGGED BY :	
DATE ACTION WAS LOGGED :		CLOSED BY :	

NOTES

DATE :		TIME :	
LOCATION :		PHONE NO :	
DURATION :			
CHECKS DONE :			
ACTION REQUIRED :			
ACTION TAKEN :			
DATE ACTION WAS LOGGED :		LOGGED BY :	
DATE ACTION WAS LOGGED :		CLOSED BY :	
NOTES			

DATE :		TIME :	
LOCATION :		PHONE NO :	
DURATION :			
CHECKS DONE :			
ACTION REQUIRED :			
ACTION TAKEN :			
DATE ACTION WAS LOGGED :		LOGGED BY :	
DATE ACTION WAS LOGGED :		CLOSED BY :	
NOTES			

DATE :		TIME :	
LOCATION :		PHONE NO :	
DURATION :			
CHECKS DONE :			
ACTION REQUIRED :			
ACTION TAKEN :			
DATE ACTION WAS LOGGED :		LOGGED BY :	
DATE ACTION WAS LOGGED :		CLOSED BY :	
NOTES			

DATE :		TIME :	
LOCATION :		PHONE NO :	
DURATION :			
CHECKS DONE :			
ACTION REQUIRED :			
ACTION TAKEN :			
DATE ACTION WAS LOGGED :		LOGGED BY :	
DATE ACTION WAS LOGGED :		CLOSED BY :	
NOTES			

DATE :		TIME :	
LOCATION :		PHONE NO :	
DURATION :			
CHECKS DONE :			
ACTION REQUIRED :			
ACTION TAKEN :			
DATE ACTION WAS LOGGED :		LOGGED BY :	
DATE ACTION WAS LOGGED :		CLOSED BY :	
NOTES			

DATE :		TIME :	
LOCATION :		PHONE NO :	
DURATION :			
CHECKS DONE :			
ACTION REQUIRED :			
ACTION TAKEN :			
DATE ACTION WAS LOGGED :		LOGGED BY :	
DATE ACTION WAS LOGGED :		CLOSED BY :	
NOTES			

DATE :		TIME :	
LOCATION :		PHONE NO :	
DURATION :			
CHECKS DONE :			
ACTION REQUIRED :			
ACTION TAKEN :			
DATE ACTION WAS LOGGED :		LOGGED BY :	
DATE ACTION WAS LOGGED :		CLOSED BY :	
NOTES			

DATE :		TIME :	
LOCATION :		PHONE NO :	
DURATION :			
CHECKS DONE :			
ACTION REQUIRED :			
ACTION TAKEN :			
DATE ACTION WAS LOGGED :		LOGGED BY :	
DATE ACTION WAS LOGGED :		CLOSED BY :	
NOTES			

DATE :		TIME :	
LOCATION :		PHONE NO :	
DURATION :			
CHECKS DONE :			
ACTION REQUIRED :			
ACTION TAKEN :			
DATE ACTION WAS LOGGED :		LOGGED BY :	
DATE ACTION WAS LOGGED :		CLOSED BY :	
NOTES			

DATE :		TIME :	
LOCATION :		PHONE NO :	
DURATION :			
CHECKS DONE :			
ACTION REQUIRED :			
ACTION TAKEN :			
DATE ACTION WAS LOGGED :		LOGGED BY :	
DATE ACTION WAS LOGGED :		CLOSED BY :	
NOTES			

DATE :		TIME :	
LOCATION :		PHONE NO :	
DURATION :			
CHECKS DONE :			
ACTION REQUIRED :			
ACTION TAKEN :			
DATE ACTION WAS LOGGED :		LOGGED BY :	
DATE ACTION WAS LOGGED :		CLOSED BY :	
NOTES			

DATE :		TIME :	
LOCATION :		PHONE NO :	
DURATION :			
CHECKS DONE :			
ACTION REQUIRED :			
ACTION TAKEN :			
DATE ACTION WAS LOGGED :		LOGGED BY :	
DATE ACTION WAS LOGGED :		CLOSED BY :	
NOTES			

DATE :		TIME :	
LOCATION :		PHONE NO :	
DURATION :			
CHECKS DONE :			
ACTION REQUIRED :			
ACTION TAKEN :			
DATE ACTION WAS LOGGED :		LOGGED BY :	
DATE ACTION WAS LOGGED :		CLOSED BY :	
NOTES			

DATE :		TIME :	
LOCATION :		PHONE NO :	
DURATION :			
CHECKS DONE :			
ACTION REQUIRED :			
ACTION TAKEN :			
DATE ACTION WAS LOGGED :		LOGGED BY :	
DATE ACTION WAS LOGGED :		CLOSED BY :	
NOTES			

DATE :		TIME :	
LOCATION :		PHONE NO :	
DURATION :			
CHECKS DONE :			
ACTION REQUIRED :			
ACTION TAKEN :			
DATE ACTION WAS LOGGED :		LOGGED BY :	
DATE ACTION WAS LOGGED :		CLOSED BY :	
NOTES			

DATE :		TIME :	
LOCATION :		PHONE NO :	
DURATION :			
CHECKS DONE :			
ACTION REQUIRED :			
ACTION TAKEN :			
DATE ACTION WAS LOGGED :		LOGGED BY :	
DATE ACTION WAS LOGGED :		CLOSED BY :	
NOTES			

DATE :		TIME :	
LOCATION :		PHONE NO :	
DURATION :			
CHECKS DONE :			
ACTION REQUIRED :			
ACTION TAKEN :			
DATE ACTION WAS LOGGED :		LOGGED BY :	
DATE ACTION WAS LOGGED :		CLOSED BY :	
NOTES			

DATE :		TIME :	
LOCATION :		PHONE NO :	
DURATION :			
CHECKS DONE :			
ACTION REQUIRED :			
ACTION TAKEN :			
DATE ACTION WAS LOGGED :		LOGGED BY :	
DATE ACTION WAS LOGGED :		CLOSED BY :	
NOTES			

DATE :		TIME :	
LOCATION :		PHONE NO :	
DURATION :			
CHECKS DONE :			
ACTION REQUIRED :			
ACTION TAKEN :			
DATE ACTION WAS LOGGED :		LOGGED BY :	
DATE ACTION WAS LOGGED :		CLOSED BY :	
NOTES			

DATE :		TIME :	
LOCATION :		PHONE NO :	
DURATION :			
CHECKS DONE :			
ACTION REQUIRED :			
ACTION TAKEN :			
DATE ACTION WAS LOGGED :		LOGGED BY :	
DATE ACTION WAS LOGGED :		CLOSED BY :	
NOTES			

DATE :		TIME :	
LOCATION :		PHONE NO :	
DURATION :			
CHECKS DONE :			
ACTION REQUIRED :			
ACTION TAKEN :			
DATE ACTION WAS LOGGED :		LOGGED BY :	
DATE ACTION WAS LOGGED :		CLOSED BY :	
NOTES			

DATE :		TIME :	
LOCATION :		PHONE NO :	
DURATION :			
CHECKS DONE :			
ACTION REQUIRED :			
ACTION TAKEN :			
DATE ACTION WAS LOGGED :		LOGGED BY :	
DATE ACTION WAS LOGGED :		CLOSED BY :	
NOTES			

DATE :		TIME :	
LOCATION :		PHONE NO :	
DURATION :			
CHECKS DONE :			
ACTION REQUIRED :			
ACTION TAKEN :			
DATE ACTION WAS LOGGED :		LOGGED BY :	
DATE ACTION WAS LOGGED :		CLOSED BY :	

NOTES

DATE :		TIME :	
LOCATION :		PHONE NO :	
DURATION :			
CHECKS DONE :			
ACTION REQUIRED :			
ACTION TAKEN :			
DATE ACTION WAS LOGGED :		LOGGED BY :	
DATE ACTION WAS LOGGED :		CLOSED BY :	

NOTES

DATE :		TIME :	
LOCATION :		PHONE NO :	
DURATION :			
CHECKS DONE :			
ACTION REQUIRED :			
ACTION TAKEN :			
DATE ACTION WAS LOGGED :		LOGGED BY :	
DATE ACTION WAS LOGGED :		CLOSED BY :	
NOTES			

DATE :		TIME :	
LOCATION :		PHONE NO :	
DURATION :			
CHECKS DONE :			
ACTION REQUIRED :			
ACTION TAKEN :			
DATE ACTION WAS LOGGED :		LOGGED BY :	
DATE ACTION WAS LOGGED :		CLOSED BY :	
NOTES			

DATE :		TIME :	
LOCATION :		PHONE NO :	
DURATION :			
CHECKS DONE :			
ACTION REQUIRED :			
ACTION TAKEN :			
DATE ACTION WAS LOGGED :		LOGGED BY :	
DATE ACTION WAS LOGGED :		CLOSED BY :	
NOTES			

DATE :		TIME :	
LOCATION :		PHONE NO :	
DURATION :			
CHECKS DONE :			
ACTION REQUIRED :			
ACTION TAKEN :			
DATE ACTION WAS LOGGED :		LOGGED BY :	
DATE ACTION WAS LOGGED :		CLOSED BY :	
NOTES			

DATE :		TIME :	
LOCATION :		PHONE NO :	
DURATION :			
CHECKS DONE :			
ACTION REQUIRED :			
ACTION TAKEN :			
DATE ACTION WAS LOGGED :		LOGGED BY :	
DATE ACTION WAS LOGGED :		CLOSED BY :	
NOTES			

DATE :		TIME :	
LOCATION :		PHONE NO :	
DURATION :			
CHECKS DONE :			
ACTION REQUIRED :			
ACTION TAKEN :			
DATE ACTION WAS LOGGED :		LOGGED BY :	
DATE ACTION WAS LOGGED :		CLOSED BY :	
NOTES			

DATE :		TIME :	
LOCATION :		PHONE NO :	
DURATION :			
CHECKS DONE :			
ACTION REQUIRED :			
ACTION TAKEN :			
DATE ACTION WAS LOGGED :		LOGGED BY :	
DATE ACTION WAS LOGGED :		CLOSED BY :	

NOTES

DATE :		TIME :	
LOCATION :		PHONE NO :	
DURATION :			
CHECKS DONE :			
ACTION REQUIRED :			
ACTION TAKEN :			
DATE ACTION WAS LOGGED :		LOGGED BY :	
DATE ACTION WAS LOGGED :		CLOSED BY :	

NOTES

DATE :		TIME :	
LOCATION :		PHONE NO :	
DURATION :			
CHECKS DONE :			
ACTION REQUIRED :			
ACTION TAKEN :			
DATE ACTION WAS LOGGED :		LOGGED BY :	
DATE ACTION WAS LOGGED :		CLOSED BY :	
NOTES			

DATE :		TIME :	
LOCATION :		PHONE NO :	
DURATION :			
CHECKS DONE :			
ACTION REQUIRED :			
ACTION TAKEN :			
DATE ACTION WAS LOGGED :		LOGGED BY :	
DATE ACTION WAS LOGGED :		CLOSED BY :	
NOTES			

DATE :		TIME :	
LOCATION :		PHONE NO :	
DURATION :			
CHECKS DONE :			
ACTION REQUIRED :			
ACTION TAKEN :			
DATE ACTION WAS LOGGED :		LOGGED BY :	
DATE ACTION WAS LOGGED :		CLOSED BY :	
NOTES			

DATE :		TIME :	
LOCATION :		PHONE NO :	
DURATION :			
CHECKS DONE :			
ACTION REQUIRED :			
ACTION TAKEN :			
DATE ACTION WAS LOGGED :		LOGGED BY :	
DATE ACTION WAS LOGGED :		CLOSED BY :	
NOTES			

DATE :		TIME :	
LOCATION :		PHONE NO :	
DURATION :			
CHECKS DONE :			
ACTION REQUIRED :			
ACTION TAKEN :			
DATE ACTION WAS LOGGED :		LOGGED BY :	
DATE ACTION WAS LOGGED :		CLOSED BY :	
NOTES			

DATE :		TIME :	
LOCATION :		PHONE NO :	
DURATION :			
CHECKS DONE :			
ACTION REQUIRED :			
ACTION TAKEN :			
DATE ACTION WAS LOGGED :		LOGGED BY :	
DATE ACTION WAS LOGGED :		CLOSED BY :	
NOTES			

DATE :		TIME :	
LOCATION :		PHONE NO :	
DURATION :			
CHECKS DONE :			
ACTION REQUIRED :			
ACTION TAKEN :			
DATE ACTION WAS LOGGED :		LOGGED BY :	
DATE ACTION WAS LOGGED :		CLOSED BY :	
NOTES			

DATE :		TIME :	
LOCATION :		PHONE NO :	
DURATION :			
CHECKS DONE :			
ACTION REQUIRED :			
ACTION TAKEN :			
DATE ACTION WAS LOGGED :		LOGGED BY :	
DATE ACTION WAS LOGGED :		CLOSED BY :	
NOTES			

DATE :		TIME :	
LOCATION :		PHONE NO :	
DURATION :			
CHECKS DONE :			
ACTION REQUIRED :			
ACTION TAKEN :			
DATE ACTION WAS LOGGED :		LOGGED BY :	
DATE ACTION WAS LOGGED :		CLOSED BY :	
NOTES			

DATE :		TIME :	
LOCATION :		PHONE NO :	
DURATION :			
CHECKS DONE :			
ACTION REQUIRED :			
ACTION TAKEN :			
DATE ACTION WAS LOGGED :		LOGGED BY :	
DATE ACTION WAS LOGGED :		CLOSED BY :	
NOTES			

DATE :		TIME :	
LOCATION :		PHONE NO :	
DURATION :			
CHECKS DONE :			
ACTION REQUIRED :			
ACTION TAKEN :			
DATE ACTION WAS LOGGED :		LOGGED BY :	
DATE ACTION WAS LOGGED :		CLOSED BY :	

NOTES

DATE :		TIME :	
LOCATION :		PHONE NO :	
DURATION :			
CHECKS DONE :			
ACTION REQUIRED :			
ACTION TAKEN :			
DATE ACTION WAS LOGGED :		LOGGED BY :	
DATE ACTION WAS LOGGED :		CLOSED BY :	

NOTES

DATE :		TIME :	
LOCATION :		PHONE NO :	
DURATION :			
CHECKS DONE :			
ACTION REQUIRED :			
ACTION TAKEN :			
DATE ACTION WAS LOGGED :		LOGGED BY :	
DATE ACTION WAS LOGGED :		CLOSED BY :	

NOTES

DATE :		TIME :	
LOCATION :		PHONE NO :	
DURATION :			
CHECKS DONE :			
ACTION REQUIRED :			
ACTION TAKEN :			
DATE ACTION WAS LOGGED :		LOGGED BY :	
DATE ACTION WAS LOGGED :		CLOSED BY :	

NOTES

DATE :		TIME :	
LOCATION :		PHONE NO :	
DURATION :			
CHECKS DONE :			
ACTION REQUIRED :			
ACTION TAKEN :			
DATE ACTION WAS LOGGED :		LOGGED BY :	
DATE ACTION WAS LOGGED :		CLOSED BY :	
NOTES			

DATE :		TIME :	
LOCATION :		PHONE NO :	
DURATION :			
CHECKS DONE :			
ACTION REQUIRED :			
ACTION TAKEN :			
DATE ACTION WAS LOGGED :		LOGGED BY :	
DATE ACTION WAS LOGGED :		CLOSED BY :	
NOTES			

DATE :		TIME :	
LOCATION :		PHONE NO :	
DURATION :			
CHECKS DONE :			
ACTION REQUIRED :			
ACTION TAKEN :			
DATE ACTION WAS LOGGED :		LOGGED BY :	
DATE ACTION WAS LOGGED :		CLOSED BY :	
NOTES			

DATE :		TIME :	
LOCATION :		PHONE NO :	
DURATION :			
CHECKS DONE :			
ACTION REQUIRED :			
ACTION TAKEN :			
DATE ACTION WAS LOGGED :		LOGGED BY :	
DATE ACTION WAS LOGGED :		CLOSED BY :	
NOTES			

DATE :		TIME :	
LOCATION :		PHONE NO :	
DURATION :			
CHECKS DONE :			
ACTION REQUIRED :			
ACTION TAKEN :			
DATE ACTION WAS LOGGED :		LOGGED BY :	
DATE ACTION WAS LOGGED :		CLOSED BY :	

NOTES

DATE :		TIME :	
LOCATION :		PHONE NO :	
DURATION :			
CHECKS DONE :			
ACTION REQUIRED :			
ACTION TAKEN :			
DATE ACTION WAS LOGGED :		LOGGED BY :	
DATE ACTION WAS LOGGED :		CLOSED BY :	

NOTES

DATE :		TIME :	
LOCATION :		PHONE NO :	
DURATION :			
CHECKS DONE :			
ACTION REQUIRED :			
ACTION TAKEN :			
DATE ACTION WAS LOGGED :		LOGGED BY :	
DATE ACTION WAS LOGGED :		CLOSED BY :	
NOTES			

DATE :		TIME :	
LOCATION :		PHONE NO :	
DURATION :			
CHECKS DONE :			
ACTION REQUIRED :			
ACTION TAKEN :			
DATE ACTION WAS LOGGED :		LOGGED BY :	
DATE ACTION WAS LOGGED :		CLOSED BY :	
NOTES			

Copyright © **DZ CREATIVES**

All rights reserved. No part of this book may be reproduced or used in any manner without written permission of the copyright owner except for the use of quotations in a book review and certain other non-commercial uses permitted by copyright law.

Printed in Great Britain
by Amazon